活力滿滿 超級觀察繪本

工作車輛300+

人人出版

警察工作的車輛

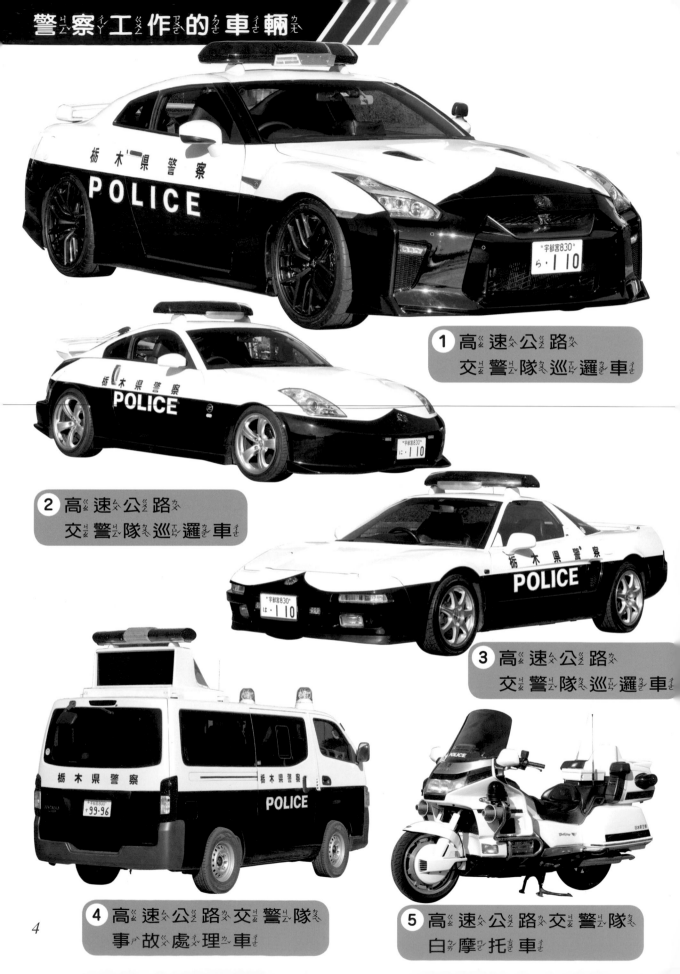

1 高速公路
交警隊巡邏車

2 高速公路
交警隊巡邏車

3 高速公路
交警隊巡邏車

4 高速公路交警隊
事故處理車

5 高速公路交警隊
白摩托車

4

6 白摩托車

7 交通事故處理車

8 交通機動隊巡邏車

9 小型巡邏車

10 號誌警示車

11 警衛巡邏車

消ㄒㄧㄠ防ㄈㄤ救ㄐㄧㄡ災ㄗㄞ用ㄩㄥ的ㄉㄜ車ㄔㄜ輛ㄌㄧㄤ

12 機ㄐㄧ場ㄔㄤ用ㄩㄥ大ㄉㄚ型ㄒㄧㄥ化ㄏㄨㄚ學ㄒㄩㄝ車ㄔㄜ

13 救ㄐㄧㄡ援ㄩㄢ工ㄍㄨㄥ作ㄗㄨㄛ車ㄔㄜ

14 機ㄐㄧ動ㄉㄨㄥ摩ㄇㄛ托ㄊㄨㄛ車ㄔㄜ

15 雲ㄩㄣ梯ㄊㄧ消ㄒㄧㄠ防ㄈㄤ車ㄔㄜ

16 迷ㄇㄧ你ㄋㄧ消ㄒㄧㄠ防ㄈㄤ車ㄔㄜ

17 照ㄓㄠ明ㄇㄧㄥ車ㄔㄜ

18 泡_{あわ}沫_{まつ}原_{げん}液_{えき}補_ほ給_{きゅう}車_{しゃ}

19 大_{おお}型_{がた}化_か學_{がく}消_{しょう}防_{ぼう}車_{しゃ}

20 大_{おお}型_{がた}高_{こう}空_{くう}放_{ほう}水_{すい}車_{しゃ}

21 幫_{ほう}浦_ぷ消_{しょう}防_{ぼう}車_{しゃ}

7

22 山岳救援車

23 補給車

24 救援機器人

25 遠端遙控放水車

26 雙臂作業車

27 排煙消防車

28 特殊救援工作車

29 器材運輸車

30 拖吊車

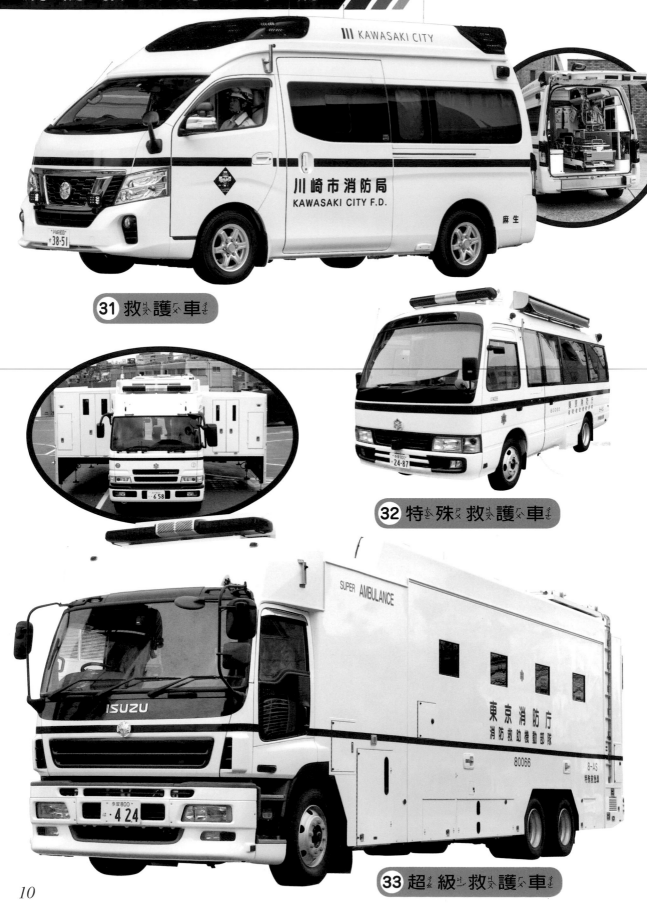

31 救護車

32 特殊救護車

33 超級救護車

34 瓦^{ㄨㄚˇ}斯^ㄙ公^{ㄍㄨㄥ}司^ㄙ緊^{ㄐㄧㄣˇ}急^{ㄐㄧˊ}工^{ㄍㄨㄥ}作^{ㄗㄨㄛˋ}車^{ㄔㄜ}

35 小^{ㄒㄧㄠˇ}型^{ㄒㄧㄥˊ}高^{ㄍㄠ}空^{ㄎㄨㄥ}作^{ㄗㄨㄛˋ}業^{ㄧㄝˋ}車^{ㄔㄜ}

36 低^{ㄉㄧ}壓^{ㄧㄚ}發^{ㄈㄚ}電^{ㄉㄧㄢˋ}車^{ㄔㄜ}

37 緊^{ㄐㄧㄣˇ}急^{ㄐㄧˊ}送^{ㄙㄨㄥˋ}電^{ㄉㄧㄢˋ}車^{ㄔㄜ}

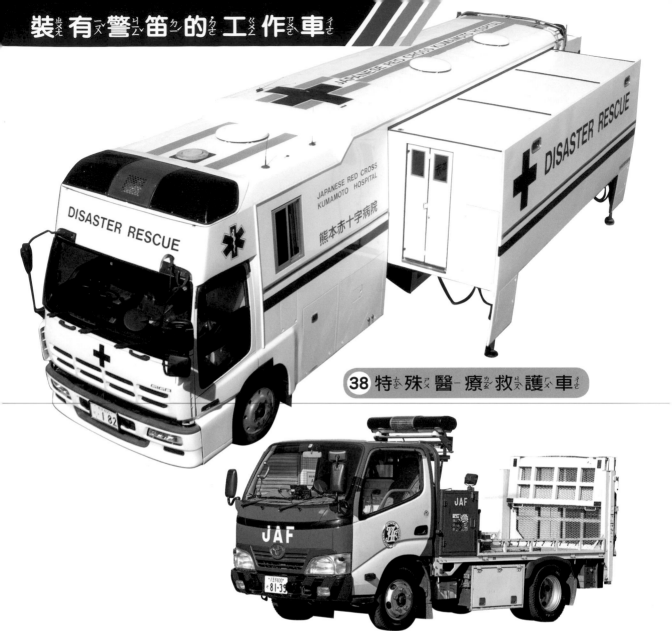

38 特_{ㄊㄜˋ}殊_{ㄕㄨ}醫_ㄧ療_{ㄌㄧㄠˊ}救_{ㄐㄧㄡˋ}護_{ㄏㄨˋ}車_{ㄔㄜ}

39 道_{ㄉㄠˋ}路_{ㄌㄨˋ}救_{ㄐㄧㄡˋ}援_{ㄩㄢˊ}車_{ㄔㄜ}（多_{ㄉㄨㄛ}用_{ㄩㄥˋ}途_{ㄊㄨˊ}車_{ㄔㄜ}）

40 道_{ㄉㄠˋ}路_{ㄌㄨˋ}救_{ㄐㄧㄡˋ}援_{ㄩㄢˊ}車_{ㄔㄜ}（拖_{ㄊㄨㄛ}板_{ㄅㄢˇ}車_{ㄔㄜ}）

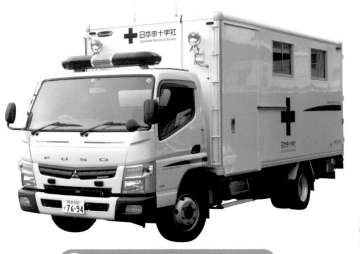

41 資ア機キ材ザイ運ウン輸ユ車キャ

42 災サイ害ガイ現ゲン場バ應オウ變ヘン中チュ心シン車キャ

43 行コウ動ドウ無ム線セン通ツウ訊シン車キャ

44 血エ液セキ運ウン送ソウ車キャ

45 拖タ吊ラウ車キャ

47 路面清潔車

46 施工巡邏車

48 行動無線衛星通訊車

49 鐵路公司緊急工作車

50 鐵路公司緊急工作車

51 鐵路公司緊急工作車

52 支援指揮車

53 機車運輸車

54 自來水公司緊急工作車

55 受災情況調查摩托車

56 移動電源車

57 大ㄉㄚˋ型ㄒㄧㄥˊ推ㄊㄨㄟ土ㄊㄨˇ機ㄐㄧ

58 小ㄒㄧㄠˇ型ㄒㄧㄥˊ推ㄊㄨㄟ土ㄊㄨˇ機ㄐㄧ

59 溼ㄕ地ㄉㄧˋ推ㄊㄨㄟ土ㄊㄨˇ機ㄐㄧ

60 推ㄊㄨㄟ耙ㄅㄚˋ機ㄐㄧ

61 掃ㄙㄠˇ雷ㄌㄟˊ車ㄔㄜ

62 水ㄕㄨㄟˇ陸ㄌㄨˋ兩ㄌㄧㄤˇ用ㄩㄥˋ推ㄊㄨㄟ土ㄊㄨˇ機ㄐㄧ

63 輪ㄌㄨㄣˊ式ㄕˋ裝ㄓㄨㄤ載ㄗㄞˋ機ㄐㄧ（高ㄍㄠ舉ㄐㄩˇ式ㄕˋ夾ㄐㄧㄚ木ㄇㄨˋ器ㄑㄧˋ）

64 輪ㄌㄨㄣˊ式ㄕˋ裝ㄓㄨㄤ載ㄗㄞˋ機ㄐㄧ（夾ㄐㄧㄚ木ㄇㄨˋ器ㄑㄧˋ）

65 超ㄔㄠ大ㄉㄚˋ型ㄒㄧㄥˊ輪ㄌㄨㄣˊ式ㄕˋ裝ㄓㄨㄤ載ㄗㄞˋ機ㄐㄧ

66 輪ㄌㄨㄣˊ式ㄕˋ裝ㄓㄨㄤ載ㄗㄞˋ機ㄐㄧ（牧ㄇㄨˋ草ㄘㄠˇ叉ㄔㄚ）

67 滑ㄏㄨㄚˊ移ㄧˊ轉ㄓㄨㄢˇ向ㄒㄧㄤˋ裝ㄓㄨㄤ載ㄗㄞˋ機ㄐㄧ

68 小ㄒㄧㄠˇ型ㄒㄧㄥˊ輪ㄌㄨㄣˊ式ㄕˋ裝ㄓㄨㄤ載ㄗㄞˋ機ㄐㄧ

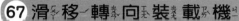

69 大ㄉㄚˋ型ㄒㄧㄥˊ輪ㄌㄨㄣˊ式ㄕˋ裝ㄓㄨㄤ載ㄗㄞˋ機ㄐㄧ

70 纜索式挖土機

71 油壓挖土機

72 油壓挖土機（鷹嘴剪）

73 油壓挖土機（車輛拆解用）

74 超大型油壓挖土機

75 輪ㄌㄨㄣˊ胎ㄊㄞ 式ㄕˋ油ㄧㄡˊ壓ㄧㄚ 挖ㄨㄚ 土ㄊㄨˇ機ㄐㄧ

76 油ㄧㄡˊ壓ㄧㄚ 挖ㄨㄚ 土ㄊㄨˇ機ㄐㄧ（滑ㄏㄨㄚˊ臂ㄅㄧˋ）

77 油ㄧㄡˊ壓ㄧㄚ 挖ㄨㄚ 土ㄊㄨˇ機ㄐㄧ（電ㄉㄧㄢˋ磁ㄘˊ吸ㄒㄧ盤ㄆㄢˊ）

78 油ㄧㄡˊ壓ㄧㄚ 挖ㄨㄚ 土ㄊㄨˇ機ㄐㄧ（物ㄨˋ料ㄌㄧㄠˋ搬ㄅㄢ運ㄩㄣˋ用ㄩㄥˋ）

79 迷ㄇㄧˊ你ㄋㄧˇ挖ㄨㄚ 土ㄊㄨˇ機ㄐㄧ

80 正ㄓㄥˋ鏟ㄔㄢˇ挖ㄨㄚ 土ㄊㄨˇ機ㄐㄧ

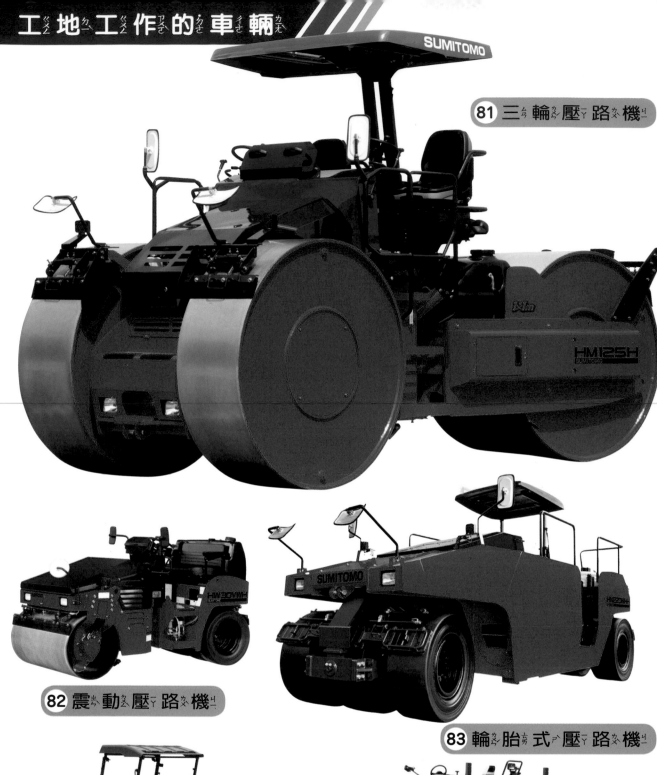

81 三輪壓路機

SUMITOMO

HM125H

82 震動壓路機

83 輪胎式壓路機

84 瀝青鋪築機(輪胎式)

85 瀝青鋪築機(履帶式)

86 平_{ㄆㄧㄥ}路_{ㄌㄨ}機_{ㄐㄧ}

87 自_ㄗ走_{ㄗㄡ}式_ㄕ破_{ㄆㄛ}碎_{ㄙㄨㄟ}機_{ㄐㄧ}

88 自_ㄗ走_{ㄗㄡ}式_ㄕ輸_{ㄕㄨ}送_{ㄙㄨㄥ}帶_{ㄉㄞ}

89 運_{ㄩㄣ}水_{ㄕㄨㄟ}車_{ㄔㄜ}

90 戽_{ㄏㄨ}斗_{ㄉㄡ}輪_{ㄌㄨㄣ}式_ㄕ開_{ㄎㄞ}挖_{ㄨㄚ}機_{ㄐㄧ}

21

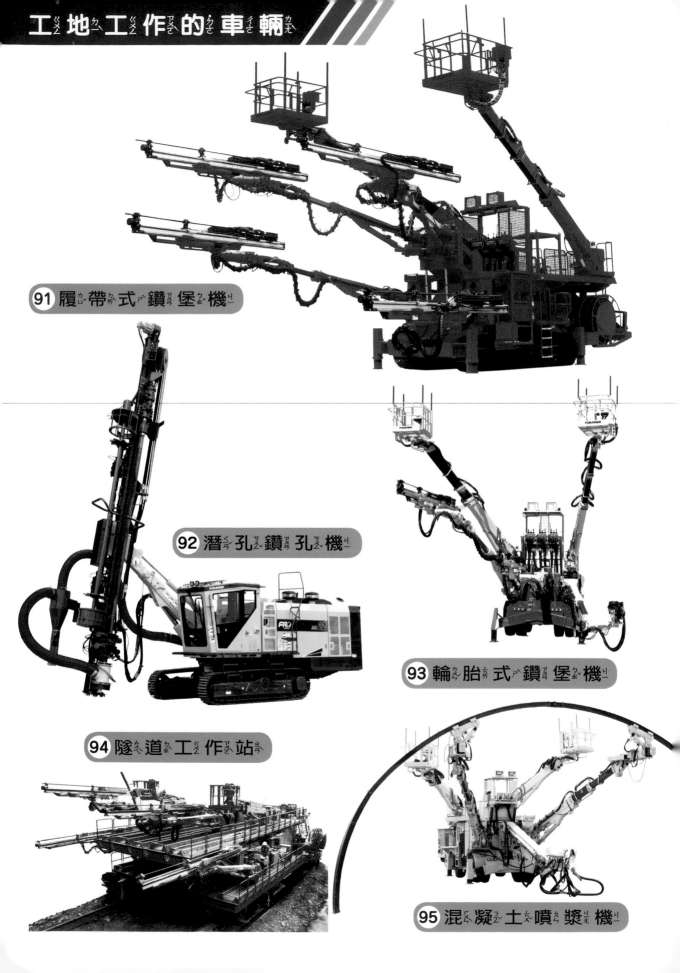

工地工作的車輛

91 履帶式鑽堡機

92 潛孔鑽孔機

93 輪胎式鑽堡機

94 隧道工作站

95 混凝土噴漿機

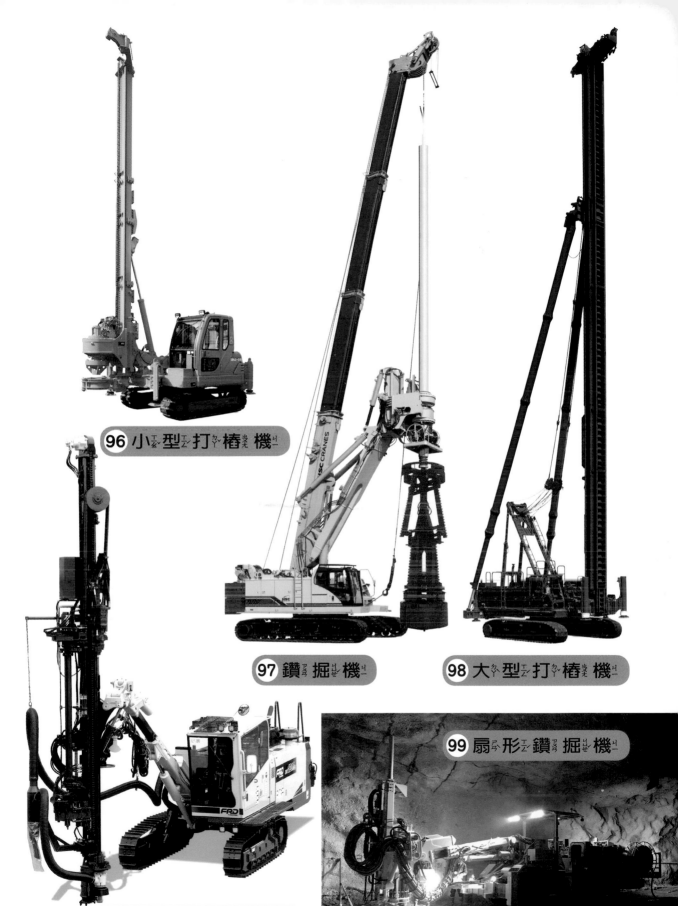

96 小型打椿機
工ㄒㄧㄠ型ㄒㄧㄥ打ㄉㄚ椿ㄔㄨㄣ機ㄐㄧ

97 鑽掘機
鑽ㄗㄨㄢ掘ㄐㄩㄝ機ㄐㄧ

98 大型打椿機
大ㄉㄚ型ㄒㄧㄥ打ㄉㄚ椿ㄔㄨㄣ機ㄐㄧ

99 扇形鑽掘機
扇ㄕㄢ形ㄒㄧㄥ鑽ㄗㄨㄢ掘ㄐㄩㄝ機ㄐㄧ

100 履帶式鑽掘機
履ㄌㄩ帶ㄉㄞ式ㄕ鑽ㄗㄨㄢ掘ㄐㄩㄝ機ㄐㄧ

23

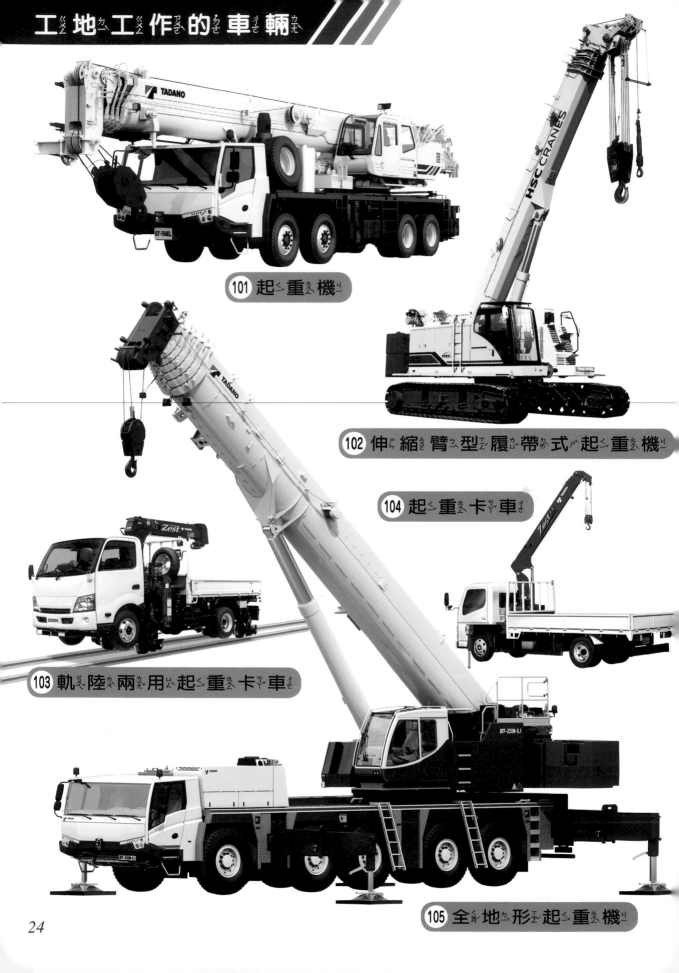

101 起ㄑㄧ重ㄓㄨㄥ機ㄐㄧ

102 伸ㄕㄣ縮ㄙㄨㄛ臂ㄅㄟ型ㄒㄧㄥ履ㄌㄩ帶ㄉㄞ式ㄕ起ㄑㄧ重ㄓㄨㄥ機ㄐㄧ

104 起ㄑㄧ重ㄓㄨㄥ卡ㄎㄚ車ㄔㄜ

103 軌ㄍㄨㄟ陸ㄌㄨ兩ㄌㄧㄤ用ㄩㄥ起ㄑㄧ重ㄓㄨㄥ卡ㄎㄚ車ㄔㄜ

105 全ㄑㄩㄢ地ㄉㄧ形ㄒㄧㄥ起ㄑㄧ重ㄓㄨㄥ機ㄐㄧ

106 卡ㄎㄚˇ 車ㄔㄜ 起ㄑㄧˇ 重ㄓㄨㄥˋ 機ㄐㄧ

107 越ㄩㄝˋ 野ㄧㄝˇ 起ㄑㄧˇ 重ㄓㄨㄥˋ 機ㄐㄧ

108 蜘ㄓ 蛛ㄓㄨ 起ㄑㄧˇ 重ㄓㄨㄥˋ 機ㄐㄧ
（Spider Crane）

109 超ㄔㄠ 大ㄉㄚˋ 型ㄒㄧㄥˊ 履ㄌㄩˇ 帶ㄉㄞˋ 起ㄑㄧˇ 重ㄓㄨㄥˋ 機ㄐㄧ

110 履ㄌㄩˇ 帶ㄉㄞˋ 起ㄑㄧˇ 重ㄓㄨㄥˋ 機ㄐㄧ

25

111 鑽洞立桿機

112 高架道路及橋梁檢查車

113 高空作業車

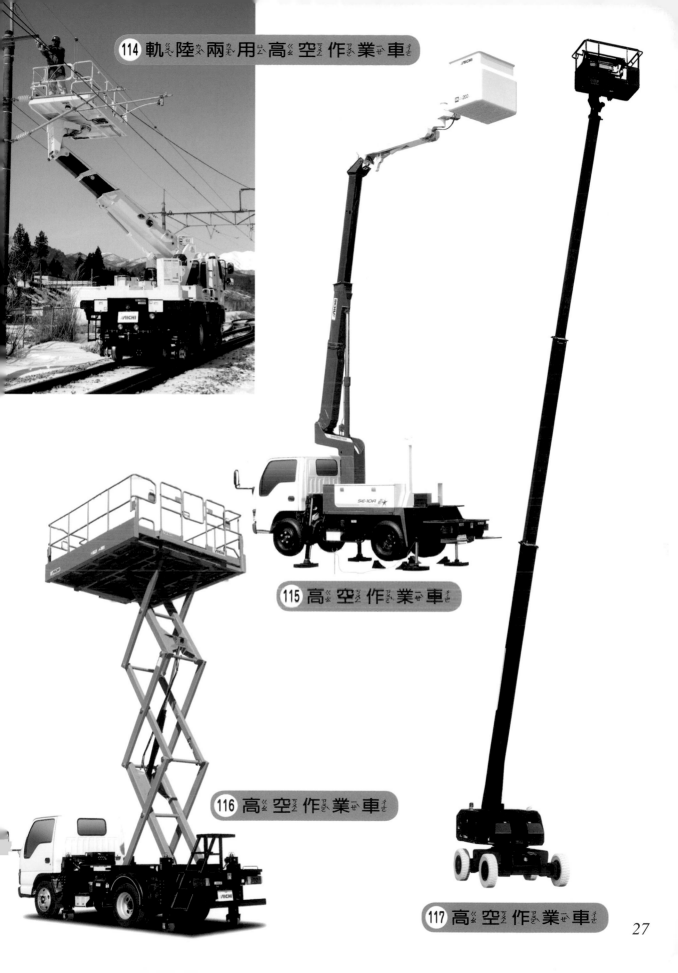

114 軌陸兩用高空作業車

115 高空作業車

116 高空作業車

117 高空作業車

27

118 門ㄇㄣˊ式ㄕˋ起ㄑㄧˇ重ㄓㄨㄥˋ機ㄐㄧ

119 跨ㄎㄨㄚˋ載ㄗㄞˋ機ㄐㄧ

120 爐ㄌㄨˊ渣ㄓㄚ車ㄔㄜ

121 貨ㄏㄨㄛˋ櫃ㄍㄨㄟˋ跨ㄎㄨㄚˋ載ㄗㄞˋ機ㄐㄧ

122 機ㄐㄧ器ㄑㄧˋ鏟ㄔㄢˇ

123 U形ㄒㄧㄥˊ運ㄩㄣˋ輸ㄕㄨ車ㄔㄜ

124 高ㄍㄠ駕ㄐㄧㄚˋ駛ㄕˇ座ㄗㄨㄛˋ
平ㄆㄧㄥˊ板ㄅㄢˇ運ㄩㄣˋ輸ㄕㄨ車ㄔㄜ

125 低ㄉ駕ㄐㄧㄚˋ駛ㄕˇ座ㄗㄨㄛˋ平ㄆㄧㄥˊ板ㄅㄢˇ運ㄩㄣˋ輸ㄕㄨ車ㄔㄜ

127 大ㄉㄚˋ型ㄒㄧㄥˊ無ㄨˊ人ㄖㄣˊ搬ㄅㄢ運ㄩㄣˋ車ㄔㄜ

126 自ㄗˋ走ㄗㄡˇ式ㄕˋ台ㄊㄞˊ車ㄔㄜ（走ㄗㄡˇ行ㄒㄧㄥˊ台ㄊㄞˊ車ㄔㄜ）

128 低ㄉ板ㄅㄢˇ聯ㄌㄧㄢˊ結ㄐㄧㄝˊ拖ㄊㄨㄛ車ㄔㄜ（連ㄌㄧㄢˊ結ㄐㄧㄝˊ運ㄩㄣˋ輸ㄕㄨ車ㄔㄜ）

129 大型廂型貨車

130 油罐拖車

131 貨櫃拖車

132 全聯結車

133 框型貨車

134 框型貨車（小客車）

135 大型框型貨車

136 雙廂貨車

137 鷗翼貨車

138 廂型貨車

139 油罐車

140 油ㄧㄡˊ槽ㄘㄠˊ拖ㄊㄨㄛ車ㄔㄜ

141 牛ㄋㄧㄡˊ奶ㄋㄞˇ槽ㄘㄠˊ罐ㄍㄨㄢˋ車ㄔㄜ

142 小ㄒㄧㄠˇ型ㄒㄧㄥˊ液ㄧㄝˋ化ㄏㄨㄚˋ石ㄕˊ油ㄧㄡˊ氣ㄑㄧˋ槽ㄘㄠˊ車ㄔㄜ

143 大ㄉㄚˋ型ㄒㄧㄥˊ液ㄧㄝˋ化ㄏㄨㄚˋ石ㄕˊ油ㄧㄡˊ氣ㄑㄧˋ槽ㄘㄠˊ車ㄔㄜ

144 氫㆒氣㆒槽㆒車㆒

145 油㆒罐㆒車㆒

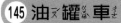

146 小㆒型㆒油㆒罐㆒車㆒

147 液㆒化㆒天㆒然㆒氣㆒槽㆒拖㆒車㆒

148 越野傾卸車
（越野自卸車）

149 履帶式傾卸車

150 運輸車

151 裝載運輸傾卸車

152 鉸接式卡車

153 隧道用傾卸式卡車
（Articulated Dump Truck）

34

154 三ㄙㄢ 向ㄒㄧㄤ 傾ㄑㄧㄥ 卸ㄒㄧㄝ 車ㄔㄜ

155 道ㄉㄠ 路ㄌㄨ 傾ㄑㄧㄥ 卸ㄒㄧㄝ 車ㄔㄜ

156 傾ㄑㄧㄥ 卸ㄒㄧㄝ 式ㄕ 拖ㄊㄨㄛ 車ㄔㄜ

157 傾ㄑㄧㄥ 卸ㄒㄧㄝ 車ㄔㄜ(小ㄒㄧㄠ 客ㄎㄜ 車ㄔㄜ)

158 無ㄨ 人ㄖㄣ 傾ㄑㄧㄥ 卸ㄒㄧㄝ 車ㄔㄜ

159 垃ㄌㄜˋ圾ㄙㄜˋ車ㄔㄜ

161 傾ㄑㄧㄥ卸ㄒㄧㄝˋ車ㄔㄜ

163 廢ㄈㄟˋ紙ㄓˇ回ㄏㄨㄟˊ收ㄕㄡ車ㄔㄜ

160 輕ㄑㄧㄥ型ㄒㄧㄥˊ傾ㄑㄧㄥ卸ㄒㄧㄝˋ車ㄔㄜ

162 輕ㄑㄧㄥ型ㄒㄧㄥˊ貨ㄏㄨㄛˋ車ㄔㄜ

164 資ㄗ源ㄩㄢˊ回ㄏㄨㄟˊ收ㄕㄡ車ㄔㄜ

166 迷你垃圾車

165 水肥車

167 水肥車

168 樹木粉碎收集車

169 焚化灰渣運輸車

170 車斗可卸式貨車

171 汽ㄑㄧ車ㄔㄜ運ㄩㄣ輸ㄕㄨ車ㄔㄜ（鷗ㄡ翼ㄧ拖ㄊㄨㄛ車ㄔㄜ）

172 汽ㄑㄧ車ㄔㄜ運ㄩㄣ輸ㄕㄨ車ㄔㄜ（拖ㄊㄨㄛ車ㄔㄜ）

173 鉗ㄑㄧㄢˊ夾ㄐㄧㄚˊ式ㄕˋ運ㄩㄣˋ輸ㄕㄨ卡ㄎㄚˇ車ㄔㄜ

174 風ㄈㄥ車ㄔㄜ葉ㄧㄝˋ片ㄆㄧㄢˋ運ㄩㄣˋ輸ㄕㄨ車ㄔㄜ

175 鉗ㄑㄧㄢˊ夾ㄐㄧㄚˊ式ㄕˋ運ㄩㄣˋ輸ㄕㄨ卡ㄎㄚˇ車ㄔㄜ

176 新ㄒㄧㄣ幹ㄍㄢˋ線ㄒㄧㄢˋ運ㄩㄣˋ輸ㄕㄨ車ㄔㄜ

177 超ㄔㄠ長ㄔㄤˊ特ㄊㄜˋ殊ㄕㄨ拖ㄊㄨㄛ車ㄔㄜ

178 混ㄏㄨㄣˋ凝ㄋㄧㄥˊ土ㄊㄨˇ攪ㄐㄧㄠˇ拌ㄅㄢˋ車ㄔㄜ

179 便ㄅㄧㄢˋ利ㄌㄧˋ商ㄕㄤ店ㄉㄧㄢˋ物ㄨˋ流ㄌㄧㄡˊ車ㄔㄜ

180 藝ㄧˋ術ㄕㄨˋ品ㄆㄧㄣˇ運ㄩㄣˋ輸ㄕㄨ車ㄔㄜ

181 貨ㄏㄨㄛˋ櫃ㄍㄨㄟˋ運ㄩㄣˋ輸ㄕㄨ車ㄔㄜ

飼（し）料（りょう）運（うん）輸（ゆ）全（ぜん）聯（れん）結（けつ）車（しゃ）（拖（た）車（しゃ））

183 飲（いん）料（りょう）運（うん）送（そう）車（しゃ）

184 飼（し）料（りょう）車（しゃ）

185 小（こ）型（がた）活（かっ）魚（ぎょ）運（うん）輸（ゆ）車（しゃ）

186 大（おお）型（がた）活（かっ）魚（ぎょ）運（うん）輸（ゆ）車（しゃ）

187 家（か）畜（ちく）運（うん）輸（ゆ）車（しゃ）

41

運送物品的車輛

188 汽車運輸車（單輛型）

190 小件行李集配車

189 搬家專用貨車

191 機車專用運輸車

192 低_ク溫_メ郵_ヌ務_メ車_ま

193 大_タ型_エ郵_ヌ務_メ車_ま

194 郵_ヌ務_メ車_ま

195 宅_出配_タ貨_ち車_ま

196 郵_ヌ務_メ摩_ロ托_ち車_ま

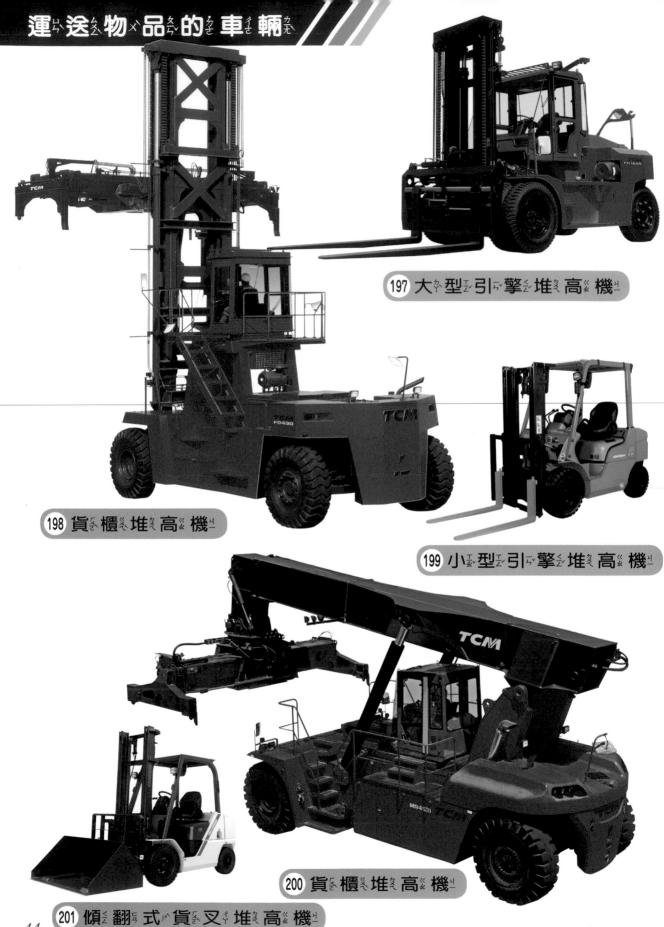

197 大ㄉㄚˋ型ㄒㄧㄥˊ引ㄧㄣˇ擎ㄑㄧㄥˊ堆ㄉㄨㄟ高ㄍㄠ機ㄐㄧ

198 貨ㄏㄨㄛˋ櫃ㄍㄨㄟˋ堆ㄉㄨㄟ高ㄍㄠ機ㄐㄧ

199 小ㄒㄧㄠˇ型ㄒㄧㄥˊ引ㄧㄣˇ擎ㄑㄧㄥˊ堆ㄉㄨㄟ高ㄍㄠ機ㄐㄧ

200 貨ㄏㄨㄛˋ櫃ㄍㄨㄟˋ堆ㄉㄨㄟ高ㄍㄠ機ㄐㄧ

201 傾ㄑㄧㄥ翻ㄈㄢ式ㄕˋ貨ㄏㄨㄛˋ叉ㄔㄚ堆ㄉㄨㄟ高ㄍㄠ機ㄐㄧ

202 無人車

203 電動搬運車

204 前伸式堆高機

205 三向式堆高機

206 撿料機

207 牽引車

208 無人堆高機

209 空蝕清潔車

210 萬用車

211 衛星通訊車

212 道路鋪面檢測車

213 高空作業車

214 警示車

215 隧道清潔汙水處理車

216 高空作業平台車

217 隔音牆檢查車

218 移動式護欄搬運機

219 水霧設備檢測車

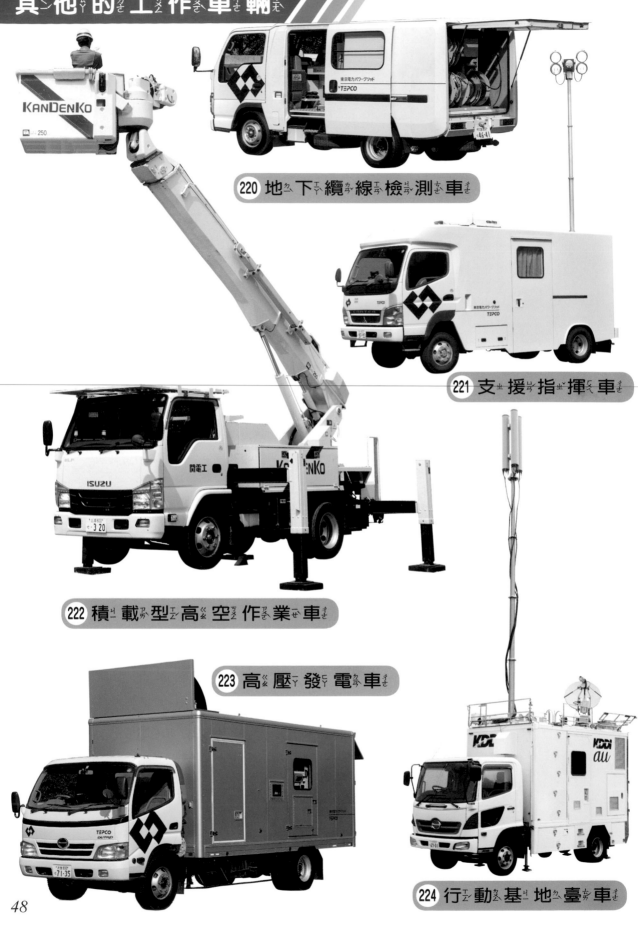

220 地下纜線檢測車

221 支援指揮車

222 積載型高空作業車

223 高壓發電車

224 行動基地臺車

225 升降座椅車

226 行動休息室車

227 軌陸兩用高空平臺車
（混合動力型）

228 道路救援車（四輪驅動）

229 道路救援車（小客車）

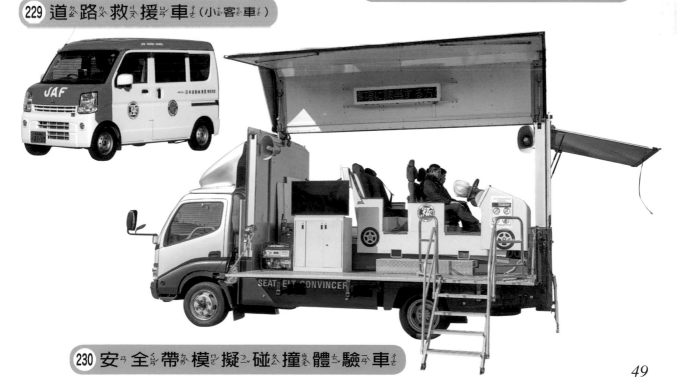

230 安全帶模擬碰撞體驗車

231 行動水族館車

232 行動天文車 織女星號
（日本仙台市天文臺）

233 電視轉播車

234 行動圖書館車

235 行動廢車壓縮機車

236 捐血車

237 小型工業用掃地機

238 強力吸泥車

239 大型工業用掃地機

240 運水車

241 灑水車

242 掃街車

51

243 便利商店行動販賣車
（7-11安心送）

244 行動餐車
（糯米粉炸雞）

245 行動餐車
（牙買加烤雞）

246 行動販賣車
（麵包）

247 送貨車
（7-11輕鬆送）

248 行動餐車
（印度咖哩）

249 行ㄒㄧㄥ動ㄉㄨㄥ餐ㄘㄢ車ㄔㄜ

（烤ㄎㄠ肉ㄖㄡ飯ㄈㄢ）

250 行ㄒㄧㄥ動ㄉㄨㄥ餐ㄘㄢ車ㄔㄜ

（西ㄒㄧ班ㄅㄢ牙ㄧㄚ海ㄏㄞ鮮ㄒㄧㄢ飯ㄈㄢ）

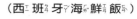

251 牛ㄋㄧㄡ肉ㄖㄡ蓋ㄍㄞ飯ㄈㄢ廚ㄔㄨ房ㄈㄤ車ㄔㄜ

（橘ㄐㄩ色ㄙㄜ夢ㄇㄥ想ㄒㄧㄤ號ㄏㄠ）

252 行ㄒㄧㄥ動ㄉㄨㄥ餐ㄘㄢ車ㄔㄜ

（雞ㄐㄧ肉ㄖㄡ）

253 行ㄒㄧㄥ動ㄉㄨㄥ餐ㄘㄢ車ㄔㄜ

（塔ㄊㄚ可ㄎㄜ飯ㄈㄢ）

254 行ㄒㄧㄥ動ㄉㄨㄥ餐ㄘㄢ車ㄔㄜ

（泰ㄊㄞ國ㄍㄨㄛ菜ㄘㄞ）

255 叢林巴士（獅子）

256 野生動物園巴士

257 計程車（旅行車型）

258 叢_{ちˇ}林_{カˊ}巴_{クˋ}士_{ㄕˋ}（白_{ㄅㄞˊ}老_{ㄌㄠˇ}虎_{ㄏㄨˇ}）

259 犀_{ㄒㄧ}牛_{ㄋㄧㄡˊ}巴_{クˋ}士_{ㄕˋ}

260 叢_{ちˇ}林_{カˊ}巴_{クˋ}士_{ㄕˋ}（老_{ㄌㄠˇ}虎_{ㄏㄨˇ}）

261 幼_{ㄧㄡˋ}兒_{ㄦˊ}園_{ㄩㄢˊ}巴_{クˋ}士_{ㄕˋ}

262 計_{ㄐㄧˋ}程_{ㄔㄥˊ}車_{ㄔㄜ}（廂_{ㄒㄧㄤ}式_{ㄕˋ}休_{ㄒㄧㄡ}旅_{ㄌㄩˇ}車_{ㄔㄜ}型_{ㄒㄧㄥˊ}）

263 計_{ㄐㄧˋ}程_{ㄔㄥˊ}車_{ㄔㄜ}（轎_{ㄐㄧㄠˋ}車_{ㄔㄜ}型_{ㄒㄧㄥˊ}）

巴ㄅㄚ士ㄕ・計ㄐㄧˋ程ㄔㄥˊ車ㄔㄜ

264 路ㄌㄨˋ線ㄒㄧㄢˋ巴ㄅㄚ士ㄕ（全ㄑㄩㄢˊ低ㄉㄧ地ㄉㄧˋ板ㄅㄢˇ巴ㄅㄚ士ㄕ）

（東ㄉㄨㄥ京ㄐㄧㄥ都ㄉㄨ）

265 路ㄌㄨˋ線ㄒㄧㄢˋ巴ㄅㄚ士ㄕ

（山ㄕㄢ形ㄒㄧㄥˊ縣ㄒㄧㄢˋ）

266 路ㄌㄨˋ線ㄒㄧㄢˋ巴ㄅㄚ士ㄕ

（北ㄅㄟˇ海ㄏㄞˇ道ㄉㄠˋ）

267 路ㄌㄨˋ線ㄒㄧㄢˋ巴ㄅㄚ士ㄕ

（大ㄉㄚˋ阪ㄅㄢˇ府ㄈㄨˇ）

268 路線巴士（燃料電池巴士）
（東京都）

269 路線巴士
（長野縣）

270 路線巴士
（東京都）

271 路線巴士
（東京都）

272 路線巴士
（千葉縣）

273 路線巴士
（福岡縣）

274 大型觀光巴士

275 中型觀光巴士

276 敞蓬巴士

277 社區巴士

278 雙節巴士（混合動力型）

279 雙節巴士

280 拖車巴士

281 巡迴巴士

282 高速巴士

283 循環巴士

284 高速巴士（雙層）

285 飛ㄈㄟ機ㄐㄧ拖ㄊㄨㄛ車ㄔㄜ

286 升ㄕㄥ降ㄐㄧㄤˋ裝ㄓㄨㄤ卸ㄒㄧㄝˋ車ㄔㄜ

287 滾ㄍㄨㄣˇ帶ㄉㄞˋ車ㄔㄜ

289 單ㄉㄢ人ㄖㄣˊ操ㄘㄠ作ㄗㄨㄛˋ清ㄑㄧㄥ廁ㄘㄜˋ車ㄔㄜ

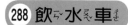

288 飲ㄧㄣˇ水ㄕㄨㄟˇ車ㄔㄜ

290 登機用升降車

291 扶梯車

292 接駁巴士

293 高空作業車

294 加油車

295 電源車

296 台車
（行李傳送車）

297 牽引車

298 壓雪車
ㄧㄚ ㄒㄩㄝˇ ㄔㄜ
（滑雪場整備用）
ㄏㄨㄚˊ ㄒㄩㄝˇ ㄔㄤˇ ㄓㄥˇ ㄅㄟˋ ㄩㄥˋ

299 壓雪車
ㄧㄚ ㄒㄩㄝˇ ㄔㄜ
（南極觀測用）
ㄋㄢˊ ㄐㄧˊ ㄍㄨㄢ ㄘㄜˋ ㄩㄥˋ

300 壓雪車
ㄧㄚ ㄒㄩㄝˇ ㄔㄜ
（接送溫泉旅客用）
ㄐㄧㄝ ㄙㄨㄥˋ ㄨㄣ ㄑㄩㄢˊ ㄌㄩˇ ㄎㄜˋ ㄩㄥˋ

301 附吊臂壓雪車
ㄈㄨˋ ㄉㄧㄠˋ ㄅㄧˋ ㄧㄚ ㄒㄩㄝˇ ㄔㄜ
（南極觀測用）
ㄋㄢˊ ㄐㄧˊ ㄍㄨㄢ ㄘㄜˋ ㄩㄥˋ

302 灑鹽車

303 旋轉式除雪車

304 曳引鏟土機

305 除雪車

63

306 半ㄅㄢˋ履ㄌㄩˇ帶ㄉㄞˋ式ㄕˋ曳ㄧˋ引ㄧㄣˇ機ㄐㄧ

307 輪ㄌㄨㄣˊ式ㄕˋ曳ㄧˋ引ㄧㄣˇ機ㄐㄧ

308 聯ㄌㄧㄢˊ合ㄏㄜˊ收ㄕㄡ割ㄍㄜ機ㄐㄧ

309 履ㄌㄩˇ帶ㄉㄞˋ式ㄕˋ曳ㄧˋ引ㄧㄣˇ機ㄐㄧ

310 農ㄋㄨㄥˊ用ㄩㄥˋ搬ㄅㄢ運ㄩㄣˋ車ㄔㄜ

311 割ㄍㄜ草ㄘㄠˇ機ㄐㄧ

312 管ㄍㄨㄢˇ理ㄌㄧˇ作ㄗㄨㄛˋ業ㄧㄝˋ車ㄔㄜ

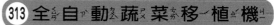

313 全ㄑㄩㄢˊ自ㄗˋ動ㄉㄨㄥˋ蔬ㄕㄨ菜ㄘㄞˋ移ㄧˊ植ㄓˊ機ㄐㄧ

314 高ㄍㄠ麗ㄌㄧˋ菜ㄘㄞˋ收ㄕㄡ割ㄍㄜ機ㄐㄧ

315 胡ㄏㄨˊ蘿ㄌㄨㄛˊ蔔ㄅㄛ˙收ㄕㄡ割ㄍㄜ機ㄐㄧ

316 插ㄔㄚ秧ㄧㄤ機ㄐㄧ

65

317 賽_{ㄙㄞ}車_{ㄔㄜ}
（F1）

318 公_{ㄍㄨㄥ}路_{ㄌㄨ}賽_{ㄙㄞ}摩_{ㄇㄛ}托_{ㄊㄨㄛ}車_{ㄔㄜ}

319 拉_{ㄌㄚ}力_{ㄌㄧ}賽_{ㄙㄞ}卡_{ㄎㄚ}車_{ㄔㄜ}
（達_{ㄉㄚ}卡_{ㄎㄚ}拉_{ㄌㄚ}力_{ㄌㄧ}賽_{ㄙㄞ}）

320 拉_{ㄌㄚ}力_{ㄌㄧ}車_{ㄔㄜ}
（達_{ㄉㄚ}卡_{ㄎㄚ}拉_{ㄌㄚ}力_{ㄌㄧ}賽_{ㄙㄞ}）

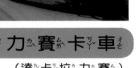

321 越_{ㄩㄝ}野_{ㄧㄝ}賽_{ㄙㄞ}摩_{ㄇㄛ}托_{ㄊㄨㄛ}車_{ㄔㄜ}

322 拉_{ㄌㄚ}力_{ㄌㄧ}車_{ㄔㄜ}
（WRC）

323 賽_{ㄙㄞ}車_{ㄔㄜ}
（WEC）